KIDS PASTA

안나의 키즈파스타

"행복이요?

아이들 입에 맛있는 거 들어가는 순간이죠."

Letter from ANNA

"한 접시면 충분합니다."

저도 한때는 그렇지 않았습니다.

밥상에 반찬이 많아야 제대로 먹이는 것 같았고,

한식 반상 차림이 아니면 어딘가 부족하다는 생각에 마음이 무거웠습니다.

그래서 늘 식탁 위엔 음식 외에 '죄책감'도 함께 올려두곤 했죠.

하지만 아이 셋을 키우고, 요리를 업으로 삼아 살아오면서 조금씩 알게 되었습니다.

아이의 식사는 '형식'이 아닌 '내용'이 더 중요하다는 걸요.

20대, 이탈리아로 요리 유학을 떠났을 때 만난 그들의 식문화는 제게 새로운 눈을 열어주었습니다.

다양한 식재료와 단순한 조리법만으로도 영양을 충분히 채우는 모습은 낯설지만 위로가 되었습니다.

한 접시 파스타에 채소와 단백질, 탄수화물이 고루 담긴 그 방식은 아이를 위한 식사로도,

엄마의 마음에도 더없이 부드러운 해답이 되었죠.

이 책은 매일 밥상을 고민하는 수많은 '오늘의 엄마들'을 위해 썼습니다.

시간은 부족하지만, 아이를 건강하게 먹이고 싶은 그 마음을 잘 알기에.

이 책 속 파스타들은 복잡하지 않습니다.

양념은 덜어내고, 식재료 본연의 맛을 살려, 브로콜리와 단호박,

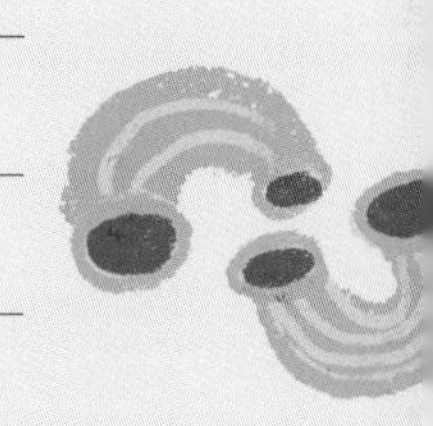

닭가슴살과 시금치 같은 재료들이 소스 속에 자연스럽게 녹아듭니다.

그리고 아이가 작은 포크로 그것을 맛있게 먹는 모습을 보며 우리는 비로소 알게 됩니다.

"아, 나 잘하고 있구나."

이 책이 그 깨달음을 전해주는 친구가 되기를 바랍니다. 매일 반상 차림이 아니어도 괜찮습니다.

당신의 믿음과 사랑이 담긴 한 접시일 테니까요.

오늘도 그 한 접시를 차려내는 모든 엄마들에게, 당신은 이미 충분히 잘하고 있습니다.

2025년 6월,

아이 셋을 키우는 엄마이자 같은 길을 걸어온 한 사람으로부터.

KIDS PASTA

contents

WHY?

왜 파스타일까요?

이유는 정말 많습니다.
쉽게 만들 수 있고, 맛있을 뿐만 아니라, 맛있고 건강하기까지 하니까요.

기억에 남는 일이 있어요.
이탈리아 남편 다비데와 결혼해 스위스에 사는 현주 언니 가족이 한국에 왔을 때였죠.
점심 식사 자리에서 여섯 살 스텔라가 밥을 잘 먹지 않자, 저도 모르게 그랬어요.
"언니, 밥을 많이 먹어야 키가 크지. 면 말고 밥을 먹여야 해."
그때 언니가 웃으며 답했죠.
"안나, 다비데는 평생 파스타와 피자만 먹었어."
순간 저도 웃음이 터졌습니다.
그러고 보니, 매 끼니 파스타로 밥을 짓는 제가 정작 우리 아이들에게는
늘 쌀밥만 고집해왔던 거예요.

그날 이후, 저는 아이들을 위해 파스타를 자주 만들기 시작했습니다.
영양 면에서도 파스타는 쌀보다 단백질이 두 배 이상,
식이섬유와 지방은 네 배 이상 더 풍부합니다.
혈당지수도 낮고, 세로토닌 분비를 도와 정서 안정에도 도움이 되죠.
물론, 한국인의 밥을 대신하자는 이야기는 아닙니다.
하지만 만들기 쉽고, 영양도 훌륭하다면 파스타를 더 가깝게 두어도 좋지 않을까요?
괜한 죄책감은 이제 그만.
엄마는 쉽게 만들고, 아이는 건강하고 맛있게 먹는 것.
그보다 더 좋은 식탁이 또 있을까요?
그것이 바로 제가 키즈 파스타 책을 만든 이유입니다.

WHO?

누구를 위한 책일까요?

바로 세상의 모든 엄마들입니다.
제가 요식업에 몸담은 지 벌써 12년.
수많은 손님을 만났지만, 가장 까다로운 VVIP는 바로 제 아이들이었습니다.
유기농 재료로 정성껏 차려도 입을 꾹 닫고,
어제 잘 먹던 음식을 오늘은 거들떠보지도 않죠.
그럴 때마다 속으로 외쳤습니다.
"내가 요리를 업으로 삼았는데, 내 음식이 별로라니!"
하지만 아이들은 맛보다 그날의 기분과 감정으로 식사를 한다는 걸 알게 되었죠.
엄마의 정성과 아이의 식사량은 꼭 비례하지 않아요.
오히려 여러 반찬보다 눈길을 끄는 파스타 한 그릇이 더 매력적일 수 있거든요.
우리가 할 일은 그 파스타 속에 좋은 식재료를 가득 담는 것뿐이에요.
그러면 요리 시간도 줄고, 엄마의 스트레스도 줄어듭니다.
엄마가 여유로워지면, 아이도 더 즐겁게 식탁에 앉게 되겠죠.
이 책은 단순히 31가지 레시피를 알려주는 것이 아닙니다.
엄마의 행복과 아이의 건강, 그 두 가지를 함께 찾아가는 제안이에요.
이제 좋은 파스타와 올리브유만 준비하세요.
생각을 바꾸면, 육아는 더 가벼워질 수 있습니다.

HOW?

어떻게 시작하면 될까요?

방법은 아주 간단합니다.

처음엔 책 속 31가지 레시피 그대로 따라 해보세요.

익숙해질수록 아이의 취향이나 계절 재료에 맞게 조금씩 바꿔보는 재미도 있어요.

언젠가는 아이와 함께 주방에 서 있는 당신을 발견하게 될지도 몰라요.

물론, 매일 파스타만 먹자는 건 아니에요.

하지만 파스타는 매우 요긴하고 현명한 육아 도우미가 될 수 있어요.

혹시 레시피를 바꾸는 게 두렵나요?

걱정하지 마세요.

파스타는 간장 한 방울 차이로 맛이 크게 달라지는 한식과는 다릅니다.

오히려 엄마의 감각으로 비율을 조절하면 더 맛있을 수 있죠.

딱 하나만 기억하세요.

파스타는 소스에서 마무리로 익히는 것이 가장 맛있다는 것.

면을 덜 삶아 소스 팬에서 충분히 익히는 것만 지키면 됩니다.

이 책이 여러분의 첫걸음이 되어

31가지 레시피가 100가지, 200가지로 늘어나기를 기대합니다.

어떤 파스타면이 어울릴까요?

| 길고 쫄깃한 면, 롱 파스타 |

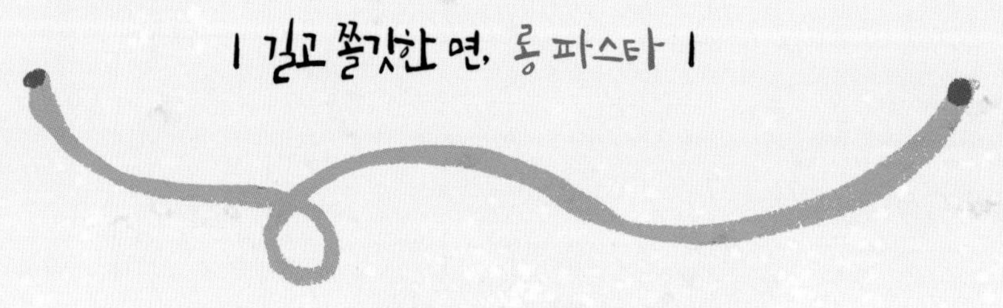

스파게티 (Spaghetti)
누구나 아는 대표 면. 토마토, 오일, 크림 등 어떤 소스도 잘 어울려요.

링귀니 (Linguine)
조금 더 납작하고 부드러운 면.
해산물이나 가벼운 소스와 찰떡이에요.

페투치네 (Fettuccine)
넓고 부드러운 식감.
크림소스나 진한 고기 소스와 잘 어울려요.

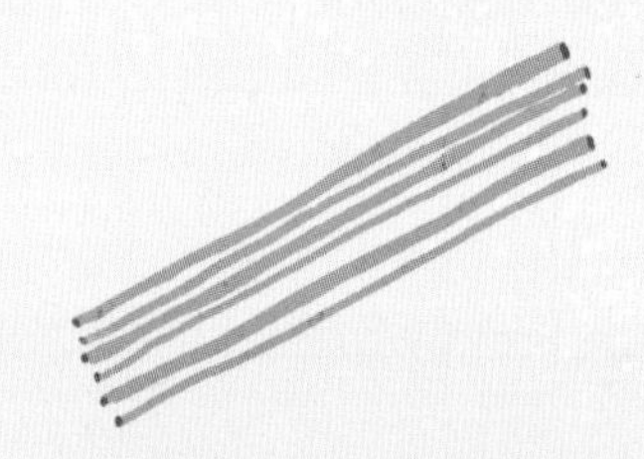

카펠리니 (Capellini, 앙젤헤어)
아주 얇은 면.
가벼운 소스나 차가운 파스타로 좋습니다.

| 특별한 모양과 식감의 파스타 |

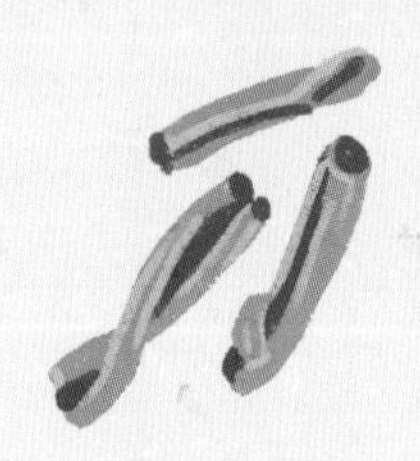

까사레체 (Casarecce)
말아놓은 듯 꼬불꼬불.
진한 소스가 잘 스며들어요.

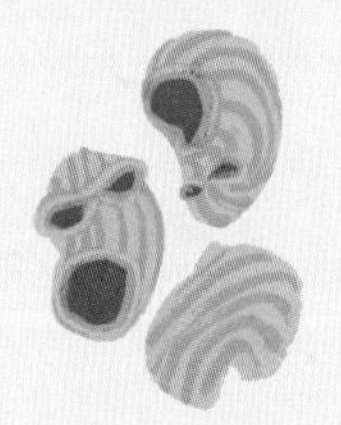

루마치네 (Lumachine)
달팽이 모양처럼 동글동글.
소스가 쏙쏙 들어가서 맛있어요.

오르조 (Orzo)
쌀처럼 작고 귀여워 수프나
샐러드에 좋아요.

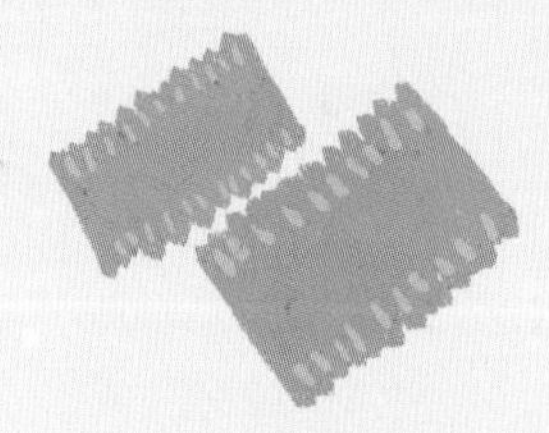

라자냐 (Lasagna)
넓적한 판으로 겹겹이 쌓아
구워먹는 요리 전용이에요.

파스타면, 생각보다 참 다양하죠. 어떤 걸 골라야 할지
조금 헷갈릴 수도 있지만 걱정하지 마세요. 소스와 재료에 따라 잘 어울리는 면을
고르는 재미도 쏠쏠하니까요. 이 책에는 아이도 엄마도 좋아할 파스타면을 가득 담았어요.
오늘은 어떤 면으로 맛있는 파스타를 만들어볼까요?

| 스터프드 파스타, 속이 꽉 찬 파스타 |

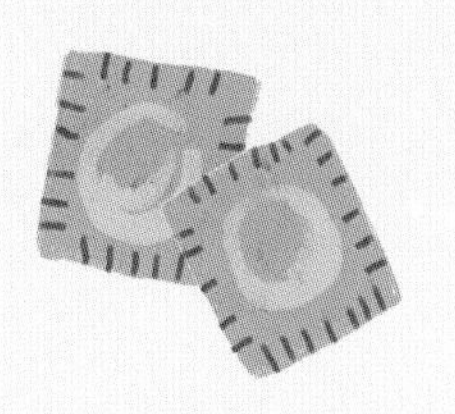

라비올리 (Ravioli)
치즈, 고기 등으로 속을 꽉 채운
네모난 모양의 파스타예요.

토르텔리니 (Tortellini)
리코타 치즈, 시금치, 고기 등으로
속을 채울 수 있는 이탈리아 만두예요.

| 동글동글 재미있는 면, 숏 파스타 |

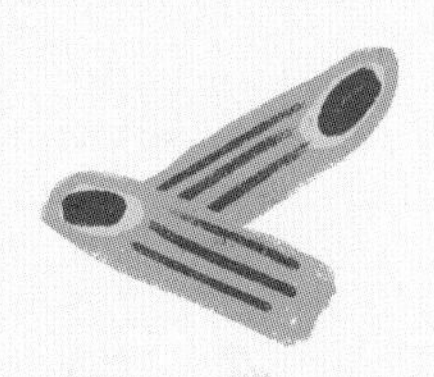

펜네 (Penne)
관 모양으로 쏙쏙 소스를
머금어요. 토마토소스나
크림소스와 잘 어울려요.

푸실리 (Fusilli)
나선형으로 생겨서 소스가
골고루 배어요. 샐러드에도
인기 만점!

파르팔레 (Farfalle)
나비 모양이 귀여워
아이들이 좋아해요. 크림이나
가벼운 소스에 잘 어울려요.

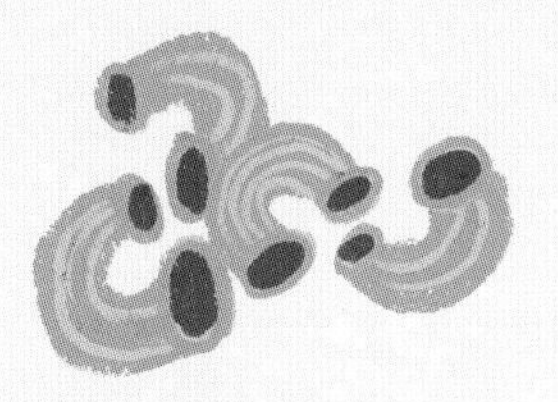

마카로니 (Macaroni)
작고 짧아 아이들이 먹기
좋아요. 치즈와 구워내면 맥앤치즈 완성!

콘킬리에 (Conchiglie)
조개 모양으로 소스를 품어요.
속을 채우거나 부드러운 소스에 좋아요.

주재료는 어떤 걸 고를까?

육류

닭고기 부드럽고 담백해서 아이들도 좋아하는 고단백 재료.
단백질이 풍부하고 지방이 적어 부담 없이 즐길 수 있어요.

오리고기 불포화지방산이 풍부한 고기.
아이들의 에너지를 채워주고, 항산화에도 도움을 줘요.

소고기 철분과 단백질이 가득!
성장기 아이들에게 꼭 필요한 영양을 담고 있어요.

돼지고기 비타민 B군이 풍부해 피로회복에 좋아요.
부드러운 부위를 고르면 아이도 잘 먹어요.

양고기 단백질과 아연이 풍부한 고기.
튼튼한 성장과 면역력에 도움이 돼요.

해산물

새우 오메가3와 단백질이 가득.
두뇌 발달과 성장에 좋은 바다의 선물이에요.

오징어 타우린이 풍부해 활력을 더해줘요.
쫄깃한 식감으로 아이들에게도 인기!

문어 피로 회복에 좋은 타우린 덩어리.
담백하고 부드러워 아이 입맛에도 딱이에요.

연어 오메가3가 풍부한 대표 건강 식재료.
두뇌 발달과 눈 건강을 지켜줘요.

조개 철분과 비타민 B12가 풍부해 빈혈 예방에 좋아요.

굴 아연과 요오드가 가득한 바다의 보약.
면역력을 키우는 데 도움을 줘요.

대구 담백하고 지방이 적어 소화가 잘돼요.
단백질이 풍부해 아이들 성장에 좋아요.

정어리 칼슘과 오메가3가 풍부한 작은 생선.
뼈 건강과 두뇌 발달에 도움을 줘요.

파스타를 더 맛있게, 그리고 더 건강하게 만들어주는 재료들.
엄마의 마음으로 골라낸 소중한 식재료들을 소개할게요. 어떤 재료가 아이와 잘 맞을지 생각하며 골라보세요.
식탁 위 파스타가 더 특별해질 거예요.

채소

애호박 (주키니) 수분과 식이섬유가 풍부해
소화에 좋아요. 부드럽고 달콤해서 아이들도 잘 먹어요.
아스파라거스 비타민과 엽산이 풍부해 면역력에
도움을 줘요. 살짝 데쳐 파스타에 넣으면 영양만점!
시금치 철분과 비타민이 가득.
아이들의 뼈와 혈액 건강을 지켜줘요.
가지 식이섬유와 안토시아닌이 풍부한 보랏빛 채소.
부드러워 파스타에 넣기 좋아요.
버섯 식이섬유와 비타민 D가 풍부해요.
감칠맛을 더하고 면역력도 챙겨줘요.
당근 베타카로틴이 가득해 눈 건강에 좋아요.
달콤한 맛으로 아이들 입맛도 사로잡아요.
대파 알싸한 향으로 요리의 풍미를 살려줘요.
비타민과 항산화 성분도 풍부해요.

치즈

고르곤졸라 고소하고 진한 블루치즈.
적당히 사용하면 깊은 맛을 더해줘요.
페타 치즈 짭조름하고 부드러운 치즈.
샐러드나 가벼운 파스타에 잘 어울려요.
모짜렐라 쭉 늘어나는 부드러운 치즈.
아이들이 가장 좋아하는 치즈 중 하나예요.
체다 치즈 짙은 풍미와 고소함이 매력.
크림 파스타나 구이 요리에 잘 어울려요.

이것만 있으면
파스타 요리도 10분 컷!

매일 주방에 서서 고민하는 엄마들을 위해, 복잡하지 않은 준비물만 쏙 골랐어요.
딱 이것만 있으면 파스타 요리가 훨씬 쉬워지고,
어느새 10분 만에 뚝딱 맛있는 파스타가 완성될 거예요.

넉넉하고 큰 사이즈라면 OK!, 냄비

파스타를 제대로 삶으려면 물이 넉넉해야 해요.
면이 자유롭게 움직일 수 있어야 퍼지지 않고
탱탱하게 익거든요.
특히 스파게티처럼 긴 면은 깊거나 넓은 냄비가 꼭 필요해요.
없다면 가능한 한 큰 냄비로 대신해도 괜찮아요.

바닥이 두껍고 가벼운 팬이면 좋아요, 프라이팬

소스와 파스타면을 섞을 때 가장 중요한 도구예요.
무겁거나 코팅이 벗겨지는 팬보다 가벼우면서
바닥이 튼튼한 팬이 좋아요.
스테인리스 팬을 자주 쓰는 저는 손목 부담 없이
집게로 가볍게 섞는 걸 즐겨요.
팬을 흔들기보단 집게로 부드럽게 여러 번 섞는 게
더 좋은 방법이랍니다.

젓가락 대신 집게가 편해요, 집게

파스타를 섞거나 접시에 담을 때 집게만큼
편한 도구는 없어요.
특히 소스와 면을 고루 섞으려면 젓가락보다 집게가
훨씬 그립감도 좋고, 힘도 덜 들어가요.
한 번 쓰기 시작하면 그 편리함에 반하게 될 거예요.

숨은 맛을 책임지는 천연 조미료, 다시마

제가 가장 애용하는 비법 재료 중 하나예요.
다시마는 면을 삶을 때 살짝 넣기만 해도
감칠맛이 확 살아나요.
아이들이 직접 다시마를 먹진 않더라도,
소스에 스며든 깊은 맛이 훨씬 부드럽고 자연스럽게
전달돼요. 그래서 저는 늘 다시마가 떨어지지 않게
준비해둔답니다.

은은하게 풍미만 더해줘요, 으깬 마늘

마늘은 칼등으로 한 번 빻거나 으깨서 사용해요.
약불에서 오일과 함께 천천히 익혀줘야 하는데,
너무 곱게 다지면 쉽게 탈 수 있거든요. 이렇게 뭉근하게
익혀야 마늘향이 오일에 배어서 풍미가 더 좋아져요.

단맛과 감칠맛을 더해주는 착한 친구, 다진 양파

파스타에 빠지지 않는 재료예요.
다진 양파는 조리하면서 자연스럽게 단맛과 감칠맛을 내줘요.
약한 불에서 오래 볶을수록 양파가 서서히
카라멜라이징되어, 자연스러운 단맛이 더욱 깊어져요.

아이 입맛에 맞게 조절하세요, 소금

아이들 요리에서 가장 신경 쓰이는 게 바로 간이죠.
저는 레시피에 딱 정해진 소금 양을 넣기보다는
아이의 입맛과 건강을 생각해 조금씩 조절하는 편이에요.
천연 재료들이 내는 자연스러운 맛으로도 충분히
맛있게 만들 수 있으니, 소금은 가볍게 사용하는 걸 추천해요.

파스타가 더 쉬워지고 더 즐거워지는 200% 활용법

파스타면 삶기

이 책의 모든 레시피는 제품에 적힌 삶는 시간보다 2분 정도 덜 삶기를 추천해요. 팬에서 남은 시간 파스타가 익어가며 소스를 충분히 머금은 상태가 되어야 맛있답니다. 남은 시간은 팬에서 소스와 함께 볶으면서 채우면 딱 좋아요. 그래야 면이 퍼지지 않고 소스와도 더 잘 어울린답니다. 파스타가 맛있어지는 비결은 면 안에 얼마나 충분한 소스가 들어갔냐랍니다.

다시마 육수에 면 삶기

다시마, 정말 좋은 식재료지만 아이들이 잘 먹진 않죠. 그래서 저는 면을 삶을 때 다시마를 한 장 넣는 방법을 추천해요. 자연스러운 감칠맛도 더해주고, 면수에도 영양이 가득 담기니까요. (다시마에는 칼슘, 미네랄, 식이섬유가 풍부해요!)

양파 다지기, 마늘 으깨기

이 책 속 대부분의 파스타에는 다진 양파와 으깬 마늘이 들어가요. 양파는 너무 크지 않게, 하지만 작은 큐브 모양으로 잘라주세요. 마늘은 더더욱요. 잘게 다지면 쉽게 타니까 칼등으로 빻은 후 두 세번 잘라주세요. 그래야 아이들도 부담 없이 먹을 수 있어요.

레시피 순서

이 책의 레시피는 일부러 복잡하지 않게 적었어요. 주재료부터 차례대로 따라가다 보면 누구나 쉽게 만들 수 있도록 구성했답니다. 어렵지 않게, 바로 따라하기 좋은 구성이에요.

파스타면 선택

레시피에 추천된 파스타면이 있지만 꼭 그대로 할 필요는 없어요. 아이 취향이나 엄마의 센스에 따라 다른 면을 써도 좋아요. 다만 숏파스타처럼 두꺼운 면은소스를 입히는 시간을 조금 더 가져주세요. 조금만 요령을 익히면 훨씬 더 맛있게 만들 수 있답니다.

> 
>
>
> 불포화지방산과 강황으로 항산화 에너지를 더하는 오리 카레 파스타
>
> **Duck Curry Pasta**
>
>    
>
> 재료
>
> **면** 콘킬리에 80g, 물 1l, 다시마(4×4cm) 1장
>
> **소스** 올리브유 적당량, 버터 15g, 다진 양파 30g, 다진 오리고기 100g, 고형 카레 1/2조각(10g), 우유 50g
>
> 만들기
>
> 1 / 냄비에 물과 다시마를 넣고 끓인 뒤, 포장지에 적힌 시간보다 2분 덜 삶아 면을 건진다.
>
> 2 / 달군 팬에 올리브유를 살짝 두른 뒤, 버터와 다진 양파를 넣고 볶는다.
>
> 3 / 양파가 노릇해지면 다진 오리고기를 넣고, 오리기름이 충분히 빠져나올 때까지 볶는다.
>
> 4 / ③에 면수 한 국자와 고형 카레를 넣고 끓인다.
>
> 5 / 카레가 녹으면 파스타면과 우유를 넣고 잘 섞은 뒤, 소스가 되직해지면 접시에 담는다.
>
> 안나's cooking tip
>
> - 저는 평소에 강황가루와 가람 마살라 가루를 1:1 비율로 섞어서 사용하는데요, 시판용 고형 카레를 사용하면 더 간편하게 만들 수 있어요. 단, 커리가 묽다면 간장을 1작은술 정도를 넣어 보세요. 감칠맛이 확 살아나요.
> - 고형 카레는 보통 1조각이 20g, 그 반쪽이면 충분해요!
>
> 
>
> 안나's pick) **에스앤비 골든카레 순한맛**
>
> 아이들 요리에 잘 어울리는 순한맛 블록형 카레. 고기 없이 채소로만 맛을 내 다양한 재료와 활용 가능. 220g 6,000원 www.macro-on.com
>
> 26

처음 책을 펼치는 엄마들도 걱정하지 마세요.
이 책은 누구나 쉽게 따라할 수 있도록 구성했어요.
조금만 감을 익히면 매일 파스타가 훨씬 가볍고 즐거워질 거예요.
지금부터 이 책을 똑똑하게 활용하는 방법을 알려드릴게요.

파스타면 양
파스타면은 초등학생 1인 기준 80g으로 잡았어요.
초등학생 미만 아이들은 보통 50g으로도 충분해요.

간 하기
아이들 음식이라
소금 양을 딱 정하지 않았어요.
그날그날 아이 입맛과 식재료에 따라
엄마가 조절해주시면 충분해요.
주재료에 밑간이 되어 있다면
추가 간 없이도 맛있게 완성됩니다.
기본적으로 파스타 면을 삶을 때에는
1L당 10g 소금이 필요해요.

요리 사진
다른 요리책처럼 멋진 플레이팅은
없을지도 몰라요.
하지만 아이들을 위한 파스타는 재료를
갈고 섞는 경우가 많아서 꾸미기보단
있는 그대로 보여드리고 싶었어요.
그래서 이 책의 사진들은
진짜 엄마들의 밥상 같은 모습이에요.

주재료 선택
책 속 레시피는 제가 추천하는 기본 조합이에요.
하지만 익숙해지면 다른 식재료에도
얼마든지 응용해 보세요. 엄마의 창의력과
아이의 입맛에 따라 더 즐거운
파스타가 될 거예요.

Part 1
Meat

"고기 먹고 힘내자! 단백질 듬뿍, 입맛은 폭발!
아이 입맛에 딱 맞춘 부드러운 고기 파스타 레시피"

Chicken Lemon Pasta

Duck Curry Pasta

Beef Radish Pasta

Pork Egg Pasta

Lamb Carrot Pasta

단백질과 비타민C로 면역력을 강화하는 치킨 레몬 파스타

Chicken Lemon Pasta

  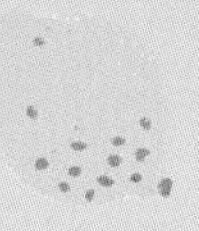 

재료

면 스파게티면 80g, 물 1l, 다시마(4×4cm) 1장,

소스 올리브유 적당량, 다진 양파 30g, 버터 15g, 다진 닭고기 100g, 소금·후춧가루 약간씩, 우유 150g, 레몬 슬라이스 1조각, 그라나파다노 치즈 적당량

만들기

1 / 냄비에 물과 다시마를 넣고 끓인 뒤, 포장지에 적힌 시간보다 2분 덜 삶아 면을 건진다.

2 / 달군 팬에 올리브유를 살짝 두른 후 버터와 다진 양파를 넣고 볶는다.

3 / 양파가 노릇해지면 다진 닭고기를 넣고 재료들이 갈색이 될 때까지 볶다가 소금, 후춧가루로 간한다.

4 / ③에 면수 한 국자와 우유, 레몬 슬라이스를 넣고 졸이듯 끓인다.

5 / ④에 삶은 파스타면을 넣고 잘 섞은 후 소스가 졸아들면 접시에 담아 그라나파다노 치즈를 강판에 충분히 뿌린다.

안나's cooking tip

- 우유 소화가 어려운 아이라면, 면수만으로도 담백함과 감칠맛을 낼 수 있어요.
- 닭고기는 부위 상관없이 잘게 다지는 게 포인트랍니다.

안나's pick) **그라노로 스파게티**

이탈리아 풀리아 지역 고품질 듀럼밀 세몰리나로 만든 클래식한 파스타.
담백하고 쫄깃한 식감이 특징. 500g 3,000원 www.macro-on.com

불포화지방산과 강황으로 항산화 에너지를 더하는 오리 카레 파스타

Duck Curry Pasta

재료

면 콘킬리에 80g, 물 1l, 다시마(4×4cm) 1장

소스 올리브유 적당량, 버터 15g, 다진 양파 30g, 다진 오리고기 100g, 고형 카레 1/2조각(10g), 우유 50g

만들기

1 / 냄비에 물과 다시마를 넣고 끓인 뒤, 포장지에 적힌 시간보다 2분 덜 삶아 면을 건진다.

2 / 달군 팬에 올리브유를 살짝 두른 뒤, 버터와 다진 양파를 넣고 볶는다.

3 / 양파가 노릇해지면 다진 오리고기를 넣고, 오리기름이 충분히 빠져나올 때까지 볶는다.

4 / ③에 면수 한 국자와 고형 카레를 넣고 끓인다.

5 / 카레가 녹으면 파스타면과 우유를 넣고 잘 섞은 뒤, 소스가 되직해지면 접시에 담는다.

안나's cooking tip

- 저는 평소에 강황가루와 가람 마살라 가루를 1:1 비율로 섞어서 사용하는데요, 시판용 고형 카레를 사용하면 더 간편하게 만들 수 있어요. 단, 커리가 묽다면 간장을 1작은술 정도를 넣어 보세요. 감칠맛이 확 살아나요.
- 고형 카레는 보통 1조각이 20g, 그 반쪽이면 충분해요!

안나's pick) **에스앤비 골든카레 순한맛**
아이들 요리에 잘 어울리는 순한맛 블록형 카레. 고기 없이 채소로만 맛을 내 다양한 재료와 활용 가능. 220g 6,000원 www.macro-on.com

철분과 소화효소로 속을 편안하게 하는 소고기 무 파스타

Beef Radish Pasta

재료

면 스파게티면 80g, 물 1l, 다시마(4×4cm) 1장

소스 다진 소고기 100g, 소금·후춧가루 약간씩, 채 썬 무 100g,
으깬 마늘 2쪽 분량, 들기름 한바퀴

만들기

1 / 냄비에 물과 다시마를 넣고 끓인 뒤,
포장지에 적힌 시간보다 2분 덜 삶아 면을 건진다.

2 / 다진 소고기에 소금과 후춧가루로 밑간한다.

3 / 달군 팬에 들기름을 두르고 마늘과 소고기를 볶는다.

4 / 소고기가 익기 시작하면 채 썬 무를 넣고, 무가 투명해 질때까지 볶는다.

5 / ④에 면수 한 국자와 파스타면을 넣고, 저어가며 졸이듯 끓이다
농도가 잡히면 접시에 담는다.

안나's cooking tip

▶ 소고기무국은 영양만점 한식 메뉴지만, 마음먹고 푹 끓여야 하는 단점이 있잖아요. 그걸 파스타로 간편하게 변형해 봤어요. 사실… 먹고 남은 소고기무국에 파스타면만 넣고 졸이는 저만의 꼼수 레시피기도 해요. 꼭 한 번 따라해 보세요. 어른들 해장으로도 좋은 건 쉿!

고단백 듀오로 에너지를 채우는 돼지고기 달걀 파스타

Pork Egg Pasta

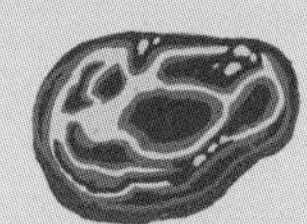

재료

면 스파게티면 80g, 물 1l, 다시마(4×4cm) 1장

소스 다진 돼지고기 100g, 으깬 마늘 2쪽 분량, 소금·후춧가루 약간씩, 달걀 1개, 그라나파다노 치즈 10g, 올리브유 적당량

만들기

1 / 냄비에 물과 다시마를 넣고 끓인 뒤, 포장지에 적힌 시간보다 2분 덜 삶아 면을 건진다.

2 / 다진 돼지고기에 으깬 마늘, 소금, 후춧가루를 넣고 잘 버무린다.

3 / 컵에 달걀과 강판에 간 그라나파다노 치즈를 넣고 잘 섞는다.

4 / 달군 팬에 올리브유를 두른 뒤, ②의 돼지고기를 넣고 볶는다.

5 / 돼지기름이 충분히 빠져나오면 면수 한 국자와 삶은 파스타면을 넣고 함께 볶는다.

6 / 소스 농도가 꾸덕해지면 불에서 내려 한 김 식힌 뒤, ③의 달걀물을 넣고 빠르게 섞어 접시에 담는다.

안나's cooking tip

- 이 파스타는 달걀과 치즈를 푼 소스를 마지막에 섞는 게 포인트에요. 너무 뜨거울 때 섞으면 달걀이 익어서 스크램블이 되기 쉬우니, 꼭 한 김 식힌 후 넣어주세요.
- 돼지고기에서 나온 기름과 면수가 섞인 소스가 감칠맛의 핵심이에요. 약불에서 천천히 볶아 돼지고기가 갈색으로 변할 때까지 볶아주세요.

아연과 베타카로틴으로 튼튼한 성장을 돕는 양고기 당근 파스타

Lamb Carrot Pasta

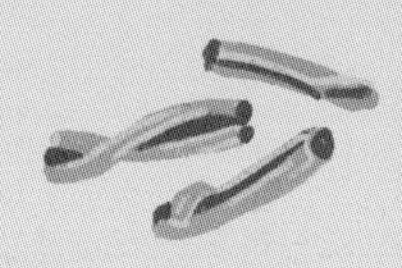
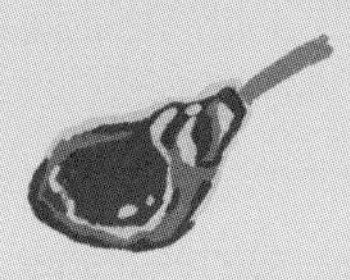

재료

면 까사레체 80g, 물 1l, 다시마(4×4cm) 1장,

소스 다진 양고기 100g, 소금·후춧가루 약간씩, 올리브유 적당량,
다진 양파·다진 당근 30g씩, 토마토소스 150g, 그라나파다노 치즈 15g

만들기

1 / 냄비에 물과 다시마를 넣고 끓인 뒤,
포장지에 적힌 시간보다 2분 덜 삶아 면을 건진다.

2 / 다진 양고기에 소금과 후춧가루로 밑간한다.

3 / 팬에 올리브유를 두르고, 다진 양파와 당근을 순서대로 넣어 약불에서 충분히 볶는다.

4 / 채소가 노릇하게 익으면, 밑간한 양고기를 넣고 볶는다.

5 / 양고기가 갈색을 띠기 시작하면 토마토소스를 넣고 약불에서 5분 정도 졸이듯
끓인다. 이때 소스가 너무 되직하면 면수를 추가해준다.

6 / 삶은 파스타면을 넣고 1분간 더 끓인 후 농도가 잡히면
그라나파다노 치즈를 넣고 잘 섞어 접시에 담는다.

안나's cooking tip

- 당근과 양고기 모두 아이들이 잘 안 먹는 재료지만,
토마토소스 안에 쏙 숨기면 감쪽같이 뚝딱 먹일 수 있답니다.
- 양고기는 생후 1년 미만 어린 양을 고르면
육질이 부드럽고 냄새도 덜해서 아이들에게 딱 좋아요.
- 청양고추나 고춧가루를 살짝 넣으면, 엄마 아빠를 위한 근사한 메뉴로 변신!

안나's pick) **주오밀 수제 토마토소스** 국내산 토마토와 채소를 껍질째
통째로 익혀 아이들 식탁에 잘 어울리는 건강한 토마토소스.
140g*4개 22,000원 www.smartstore.naver.com/djmam

Part 2

Seafood

"탱글탱글! 쫄깃쫄깃!
두뇌에도 좋고, 맛도 좋은
아이들을 위한 해산물 파스타 총집합!"

오메가3와 라이코펜으로 두뇌 발달을 돕는 새우 토마토 파스타

Shrimp Tomato Pasta

재료

면 루마치네 80g, 물 1l, 다시마(4×4cm) 1장

소스 새우 100g, 소금·후춧가루 약간씩, 올리브유 적당량, 으깬 마늘 2쪽 분량, 방울 토마토 200g

만들기

1 / 냄비에 물과 다시마를 넣고 끓인 뒤, 포장지에 적힌 시간보다 2분 덜 삶아 면을 건진다.

2 / 새우는 곱게 다져 소금과 후춧가루로 밑간한다.

3 / 팬에 올리브유를 두르고 으깬 마늘을 넣어 약불에서 볶는다.

4 / 마늘과 양파가 노릇해지면 방울토마토를 넣고 포크로 으깨며 뭉근하게 끓인다.

5 / 토마토가 충분히 익으면 다진 새우를 넣고 1분 더 익힌 뒤, 면수 한 국자와 파스타를 넣고 농도가 잡히면 접시에 담는다.

안나's cooking tip

- 새우는 마지막에 넣으면 부드럽고, 마늘 볶을 때 넣으면 단단해져요.
- 루마치네 면은 새우와 크기가 비슷해 아이들이 잘 먹어요. 숟가락으로 떠먹기에도 좋아요.

안나's pick) **달라코스타 디즈니 유기농 미키 루마치네 파스타**
한 입에 쏙 들어가는 앙증맞은 사이즈 파스타. 유기농 듀럼밀 세몰리나 사용, 소스가 잘 베어든다. 300g 5,000원 www.macro-on.com

타우린과 항산화 성분으로 활력을 채우는 오징어 토마토 파스타

Squid Tomato Pasta

재료

면 파르팔레 80g, 물 1l, 다시마(4×4cm) 1장

소스 손질 오징어 100g, 버터 15g, 다진 양파 30g, 백후춧가루 약간,
홀 토마토 150g

만들기

1 / 냄비에 물과 다시마를 넣고 끓인 뒤,
포장지에 적힌 시간보다 2분 덜 삶아 면을 건진다.

2 / 오징어는 잘게 다진다.

3 / 팬에 버터와 다진 양파를 넣고 약불에서 익힌다.

4 / 양파가 익으면 오징어와 백후추를 넣고 볶다가 홀 토마토를 넣어 끓인다.

5 / 충분히 익으면 면수 한 국자 넣고 블런더로 곱게 간다.

6 / 소스와 파스타를 섞어 농도가 잡힐 때까지 볶은 뒤 접시에 담는다.

안나's cooking tip

- 재료를 갈면 감칠맛도 살아나고, 식감을 꺼리는 아이들도 잘 먹어요.
- 오징어는 한치, 낙지 등으로 대체해도 좋아요.

안나's pick) **베네데토 카발리에리 파르팔레 듀럼 밀 크래프트 파스타**
화학비료 없이 선별된 듀럼밀 세몰리나로 만든 이탈리아 정통 크래프트 파스타.
500g 14,000원 www.euroline.co.kr

타우린 가득으로 피로를 날려주는 문어 부추 파스타

Octopus Chive Pasta

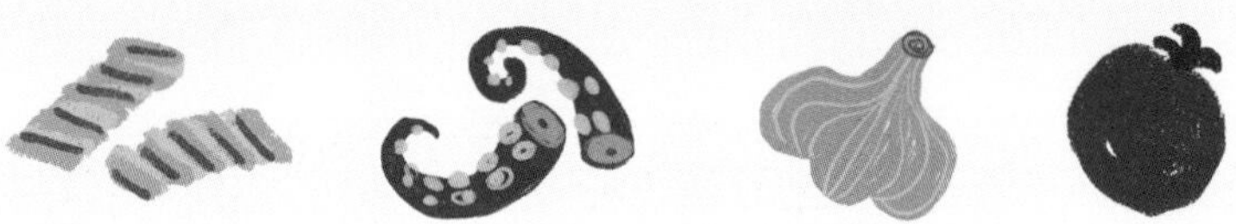
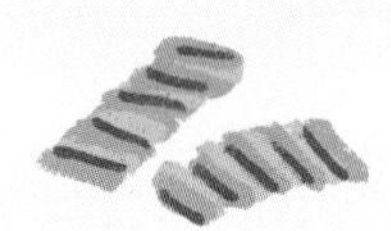

재료

면 물 1l, 손질된 피문어 100g, 푸실리면 80g

소스 소금·후춧가루 약간씩, 올리브유 적당량, 으깬 마늘 2쪽 분량, 방울토마토 200g, 다진 영양부추 10g

만들기

1 / 끓는 물에 피문어를 넣고 20분 삶은 뒤 건지고, 같은 물에 파스타를 포장지에 적힌 시간보다 2분 덜 삶아 건진다.

2 / 문어는 잘게 다져 소금과 후춧가루로 밑간한다.

3 / 팬에 올리브유를 두른 후 으깬 마늘을 넣고 약불에서 볶듯이 익힌다.

4 / 마늘이 노릇해지면 문어를 넣고 익히다가 방울토마토를 넣고 포크로 으깨며 볶는다.

5 / 면수 한 국자와 파스타를 넣어 섞고, 농도가 잡히면 다진 부추를 넣어 접시에 담는다.

안나's cooking tip

- 문어 삶을 때 무를 넣으면 더 부드러워지고, 육수는 밥 지을 때 꼭 물 대신 넣어보세요. 감칠맛 가득한 문어밥이 돼요.
- 부추 없으면 깻잎, 샐러리, 바질 등 잎채소로 대체 가능! 잘게 다져야 아이가 거부감 없어요.

오메가3와 비타민K로 똑똑한 성장을 돕는 연어 브로콜리 파스타

Salmon Broccoli Pasta

재료

면 콘킬리에 80g, 물 1l, 다시마(4×4cm) 1장

소스 올리브유 적당량, 버터 15g, 다진 양파 30g, 다진 브로콜리 40g,
다진 연어 100g, 소금·후춧가루 약간씩

만들기

1 / 냄비에 물과 다시마를 넣고 끓인 뒤,
포장지에 적힌 시간보다 2분 덜 삶아 면을 건진다.

2 / 팬에 올리브유와 버터 절반, 다진 양파를 넣고 약불에서 볶는다.

3 / 양파가 익기 시작하면 다진 브로콜리와 연어, 소금과 후춧가루를 넣고 볶는다.

4 / 면수 한 국자와 삶은 파스타면을 넣고 섞은 뒤,
불을 끄고 남은 버터를 넣어 빠르게 섞는다.

안나's cooking tip

- 브로콜리는 꽃 부분만 곱게 다져 눈꽃처럼 써주세요.
- 연어는 다져도 좋고, 볶으며 으깨도 돼요.

철분과 비타민C로 빈혈을 예방하는 조개 토마토 파스타

Clam Tomato Pasta

재료

면 스파게티면 80g, 물 1l, 다시마(4×4cm) 1장

소스 올리브유 적당량, 으깬 마늘 2쪽 분량, 해감 바지락 300g, 백후춧가루 약간, 토마토소스 150g

만들기

1 / 냄비에 물과 다시마를 넣고 끓인 뒤, 포장지에 적힌 시간보다 2분 덜 삶아 면을 건진다.

2 / 팬에 올리브유를 두르고 으깬 마늘을 약불에서 익힌다.

3 / 마늘이 익으면 바지락과 백후춧가루를 넣고 뚜껑을 덮어 입이 열릴 때까지 익힌다.

4 / 바지락이 입을 열면 껍데기는 제거하고 토마토소스를 넣어 섞는다.

5 / 소스의 농도가 잡히면 블랜더로 갈고 파스타면과 섞어 접시에 담는다.

안나's cooking tip

- 해감 안 된 바지락은 소금물에 2시간 정도 해감 필수!
- 조개는 오래 익히지 말고 입 벌리면 바로 소스를 넣어야 감칠맛이 날아가지 않아요.

아연과 요오드로 면역력을 높여주는 굴 매생이 파스타

Oyster Seaweed Pasta

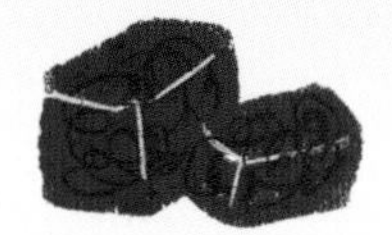

재료

면 스파게티면 80g, 물 1l, 다시마(4×4cm) 1장

소스 굴 50g, 소금 1작은술, 올리브유 적당량, 으깬 마늘 2쪽 분량,
냉동 매생이 큐브 1개(100g)

만들기

1 / 냄비에 물과 다시마를 넣고 끓인 뒤,
포장지에 적힌 시간보다 2분 덜 삶아 면을 건진다.

2 / 굴은 소금물에 살짝 헹군 후 블렌더로 곱게 간다.

3 / 팬에 올리브유와 마늘을 볶다가 간 굴을 넣고 저어가며 끓인다.

4 / 면수 한 국자와 파스타면, 해동하지 않은 냉동 매생이 큐브를 넣어
고루 섞은 뒤 접시에 담는다.

안나's cooking tip

- 굴은 빠르게 볶아야 비린내 없이 감칠맛만 남아요.
- 매생이는 오래 익히면 질감이 사라지니 마지막에 살짝만!

안나's pick) **산골어부 매생이 냉동 큐브** 국내산 매생이를 깨끗이 손질해
급속 냉동, 신선함과 향이 그대로. 100g*5개 15,000원
www.smartstore.naver.com/bunyoung

저지방과 칼슘으로 부드럽고 튼튼한 대구 우유 파스타

Cod Milk Pasta

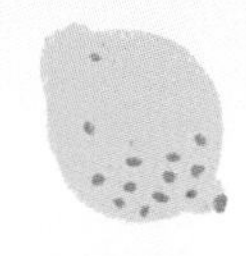

재료

면 콘킬리에 80g, 물 1l, 다시마(4×4cm) 1장

소스 생대구살 150g, 마늘 2쪽, 우유 300g, 레몬 1/2개

만들기

1 / 냄비에 물과 다시마를 넣고 끓인 뒤,
포장지에 적힌 시간보다 2분 덜 삶아 면을 건진다.

2 / 냄비에 대구살, 마늘, 우유를 넣고 끓이다가 끓기 시작하면 약불로 줄여
15분 끓인 뒤 블랜더로 간다.

3 / 팬에 ②와 면수 한 국자, 삶은 파스타면을 넣고 졸인다.

4 / 농도가 되직해지면 접시에 담고 레몬제스트를 뿌린다.

안나's cooking tip

- 흰살 생선을 싫어하는 아이에게도 강추!
- 레몬제스트는 레몬을 끓는 물에 데친 후 껍질만 강판에 갈아 사용하면 돼요.
유기농 레몬파우더로 대체해도 OK! 레몬이 없어도 충분히 맛있어요.

EPA·DHA와 라이코펜으로 심장을 건강하게 하는 정어리 토마토 파스타

Sardine Tomato Pasta

재료

면 푸실리면 80g, 물 1l, 다시마(4×4cm) 1장

소스 으깬 마늘 2쪽 분량, 정어리캔 1개, 다진 방울토마토 200g, 다진 블랙올리브 50g

만들기

1 / 냄비에 물과 다시마를 넣고 끓인 뒤,
포장지에 적힌 시간보다 2분 덜 삶아 면을 건진다.

2 / 팬에 으깬 마늘과 정어리를 넣고 약불에서 천천히 익힌다.
(캔에 들어 있는 오일도 함께 사용)

3 / 포크로 정어리를 으깨며 볶고, 다진 방울토마토와 블랙올리브를 넣어 섞는다.

4 / 소스가 걸쭉해지면 면수 한 국자와 삶은 파스타면을 넣고 잘 섞은 뒤
접시에 담는다.

안나's cooking tip

- 정어리캔은 엑스트라 버진 올리브오일로 재워둔 제품인지 확인하고 구매하세요.
- 참치, 대구 캔으로도 응용 가능! 간편하고 맛도 좋아요.

안나's pick) **LB31 정어리 캔더푸드 16/20**
스페인 갈리시아 해산물로 만든 고품질 정어리 캔. 올리브오일과 정제소금만 사용.
115g 12,200원 www.euroline.co.kr

Part 3

Vegetable

"채소가 이렇게 맛있다고?
녹색 채소, 주황빛 당근, 알록달록 야채들이
파스타 속에서 마법처럼 변신해요!"

칼륨과 칼슘으로 뼈와 근육 건강을 지키는 애호박 치즈 파스타

Zucchini Cheese Pasta

 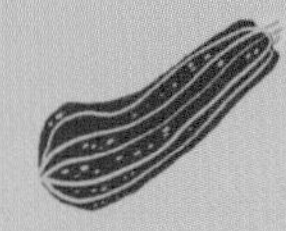  

재료

면 스파게티면 80g, 물 1l, 다시마(4×4cm) 1장

소스 애호박 1개(약 30g), 버터 15g, 올리브유 적당량, 다진 양파 30g, 소금·후춧가루 약간씩, 그라나파다노 치즈 20g

만들기

1 / 냄비에 물과 다시마를 넣고 끓인 뒤, 포장지에 적힌 시간보다 2분 덜 삶아 면을 건진다.

2 / 애호박은 채칼로 겉부터 돌려 깎듯 얇게 썬다. 씨가 있는 가운데 부분은 사용하지 않는다.

3 / 팬에 버터 반과 올리브유를 두르고 다진 양파와 채썬 애호박을 넣어 소금과 후춧가루로 간을 하며 약불에서 천천히 익힌다.

4 / 애호박이 뭉근하게 익으면 면수 한 국자와 삶은 파스타면을 넣고 고루 섞으며 익힌다.

5 / 졸아들면 치즈와 나머지 버터를 넣고 섞은 뒤 접시에 담는다.

안나's cooking tip

- 길게 썬 호박이 면처럼 호로록 넘어가요. 여름 노지 호박은 특히 달고 부드럽답니다.

엽산과 마그네슘으로 에너지를 채우는 아스파라거스 캐슈넛 파스타

Asparagus Cashew Pasta

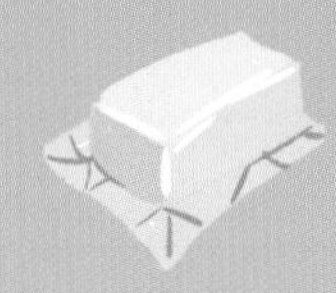

재료

면 먹물 스파게티면 80g, 물 1l, 다시마(4×4cm) 1장

소스 아스파라거스 2줄기(100g), 캐슈넛 30g, 올리브유 적당량, 다진 양파 300g, 소금·후춧가루 약간씩, 버터 15g

만들기

1 / 냄비에 물과 다시마를 넣고 끓인 뒤, 포장지에 적힌 시간보다 2분 덜 삶아 면을 건진다.

2 / 아스파라거스와 캐슈넛은 곱게 다진다.

3 / 마른 팬에 캐슈넛을 넣고 약불에서 볶다가 노릇해지면 꺼낸다.

4 / 팬에 올리브유를 두르고 다진 양파와 다진 아스파라거스를 넣고 소금과 후춧가루로 간을 하며 볶는다.

5 / ④에 면수 한 국자와 파스타면을 잘 섞은 뒤, 볶아둔 캐슈넛을 넣고 한 번 더 섞어 접시에 담는다.

안나's cooking tip

- 아스파라거스는 껍질을 벗기면 식감이 더 부드러워요.
- 견과류는 곱게 갈린 파우더 제품을 사용하면 간편해요.

철분과 비타민B로 활력과 성장을 지원하는 시금치 감자 뇨끼

Spinach Potato Gnocchi

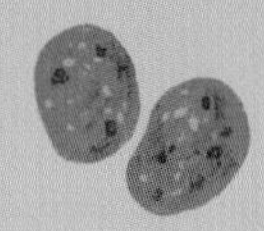
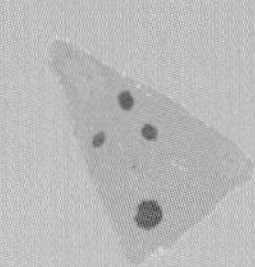

재료

시금치 50g, 소금 1작은술, 감자 1개(250g), 그라나파다노 치즈 20g,
밀가루 1큰술, 기버터 1큰술, 꿀 약간

만들기

1 / 시금치는 끓는 소금물에 살짝 데쳐 물기를 꼭 짜고 블렌더로 간다.
2 / 감자는 끓는 물에 완전히 익혀 껍질을 벗긴 후 15분 정도 수분을 날린다.
3 / 볼에 감자와 시금치, 치즈, 밀가루를 넣고 섞어 반죽을 만든다.
4 / 반죽을 치대어 엄지손가락 크기로 빚는다.
5 / 달군 팬에 기버터를 녹이고 뇨끼를 굽듯이 익힌 후 꿀을 살짝 두른다.
취향에 따라 그라나파다노 치즈를 갈아서 추가해도 좋다.

안나's cooking tip

- 시금치 외에도 비트, 바질, 단호박 등 다양한 채소로 컬러 뇨끼를 만들 수 있어요.
- 한번 만들어 냉동 보관하면 수시로 활용이 쉬워요.
- 소스없이 떡볶이 떡처럼 먹을 수 있어 간식으로 훌륭해요.

폴리페놀과 라이코펜으로 세포를 보호하는 가지 토마토 파스타

Eggplant Tomato Pasta

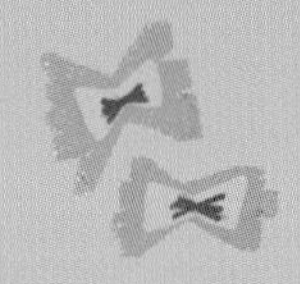   

재료

면 파르팔레 80g, 물 1l, 다시마(4×4cm) 1장

소스 가지 1개(100g), 소금 약간, 올리브유 적당량, 으깬 마늘 1쪽 분량,
다진 바질잎 5장, 토마토소스 150g, 그라나파다노 치즈 20g

만들기

1 / 냄비에 물과 다시마를 넣고 끓인 뒤,
포장지에 적힌 시간보다 2분 덜 삶아 면을 건진다.

2 / 가지는 엄지 굵기로 썰어 소금 한 꼬집을 뿌린다.

3 / 팬에 올리브유를 넉넉히 두르고 가지를 튀기듯 볶는다.

4 / 가지 겉면이 노릇하게 익으면 포크로 으깨고, 으깬 마늘을 넣는다.

5 / 마늘이 노릇하게 익으면 다진 바질잎과 토마토소스를 넣는다.

6 / 토마토 소스가 뭉근해지면 파스타면과 치즈를 넣고 한 번 더 섞어 접시에 담는다.

안나's cooking tip

- 가지는 타기 쉬워서 2cm 이상 두껍게 썰어주세요.
- 바질 향이 포인트! 허브 키우기도 함께 해봐요~

식물성 단백질과 베타글루칸으로 면역력을 높이는 버섯 두부 파스타

Mushroom Tofu Pasta

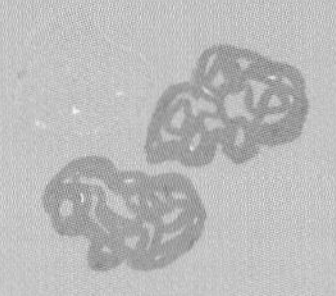

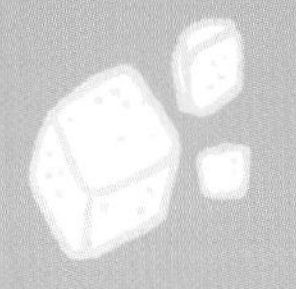

재료

면 삼색 자동차면 80g, 물 1l, 다시마(4×4cm) 1장

소스 올리브유 적당량, 으깬 마늘 2쪽 분량, 모둠 버섯 100g, 두부 1/3모(100g), 소금·후춧가루 약간씩, 참기름 약간

만들기

1 / 냄비에 물과 다시마를 넣고 끓인 뒤,
포장지에 적힌 시간보다 2분 덜 삶아 면을 건진다.

2 / 팬에 올리브유, 으깬 마늘을 넣고 약불에서 천천히 볶는다.

3 / 마늘이 익으면 버섯을 듬성듬성 잘라 넣고
소금과 후춧가루로 간을 하며 한 번 더 볶는다.

4 / 재료가 옅은 갈색을 띠고 팬에 눌기 시작하면,
면수를 한 국자 부어 팬 바닥을 긁어낸다.

5 / ④의 재료와 두부를 블렌더로 곱게 갈아
삶은 파스타면과 잘 섞어 접시에 담은 뒤 참기름을 두른다.

안나's cooking tip

- 우유 넣으면 크림 파스타처럼 변신!
- 팬에 올리브유는 아주 조금만 뿌려주세요.
  버섯이 팬에서 노릇하게 굽듯이 익어야 맛있어요.

안나's pick) **달라코스타 디즈니 유기농 삼색 카 파스타**
유기농 밀과 채소로 만든 자동차 모양 파스타. 건강하면서 아이들이 좋아하는 디자인. 300g 5,000원 www.macro-on.com

비타민A와 타로 눈과 피부 건강을 챙기는 당근 아몬드 파스타

Carrot Almond Pasta

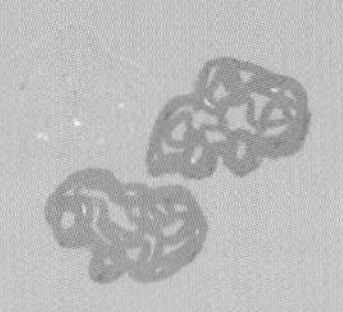

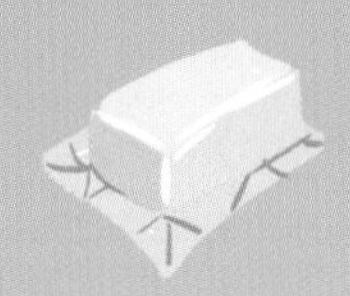
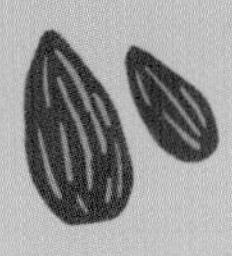

재료

면 삼색 자동차면 80g, 물 1l, 다시마(4×4cm) 1장

소스 기버터 1큰술, 채 썬 당근 70g, 소금 약간, 아몬드가루 30g

만들기

1 / 냄비에 물과 다시마를 넣고 끓인 뒤, 포장지에 적힌 시간대로 삶아 면을 건진다.

2 / 달군 팬에 기버터를 두르고 채 썬 당근에 소금, 후춧가루로 간을 하며 볶는다.

3 / 당근이 익으면 아몬드가루를 넣고 1분 더 볶다가 면수 한 국자를 넣고 블랜더에 간다.

4 / ③에 삶은 파스타면을 넣고 잘 섞어 접시에 담는다.

안나's cooking tip

- 오렌지 색깔의 파스타 소스가 아이들의 호기심을 사기에 딱이랍니다.
- 조금 심심하면 꿀 추가!
- 구운 아몬드가루를 뿌려주면 훨씬 고소해요.

알리신과 불포화지방산으로 심장을 건강하게 하는 대파 잣 파스타

Green Onion Pine Nut Pasta

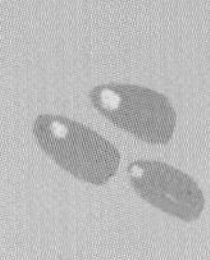
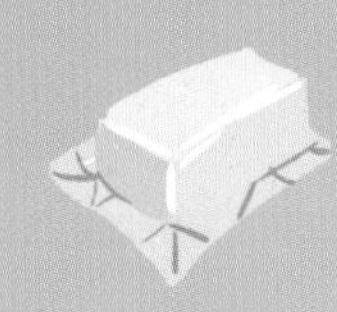

재료

면 먹물스파게티면 80g, 물 1l, 다시마(4×4cm) 1장

소스 대파 100g, 잣 30g, 버터 15g

만들기

1 / 냄비에 물과 다시마를 넣고 끓인 뒤,
포장지에 적힌 시간보다 2분 덜 삶아 면을 건진다.

2 / 대파는 곱게 다지고, 잣은 키친타월에 올려 칼등으로 으깬다.

3 / 마른 팬에 잣을 넣고 볶다가 잣 기름이 돌면 버터, 대파를 볶는다.

4 / 대파가 투명해지면 면수 두 국자와 삶은 파스타면을 넣고 섞은 뒤 접시에 담는다.

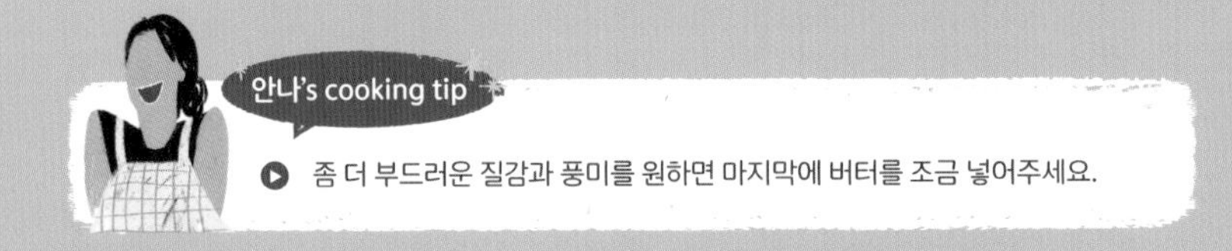

Part 4
Cheese

"쭈욱~ 늘어나는 치즈의 유혹!
치즈 좋아하는 아이들을 위한
고소하고 부드러운 치즈 파스타 모음집"

칼슘과 오메가3로 뇌와 뼈를 튼튼하게 하는 고르곤졸라 호두 파스타

Gorgonzola Walnut Pasta

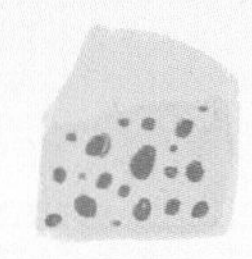

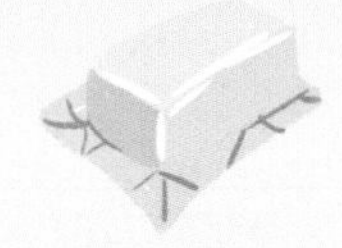

재료

면 루마치네 80g, 물 1l, 다시마(4×4cm) 1장

소스 호두 10개, 버터 15g, 고르곤졸라 치즈 20g, 우유 150g, 꿀 약간

만들기

1 / 냄비에 물과 다시마를 넣고 끓인 뒤,
포장지에 적힌 시간보다 2분 덜 삶아 면을 건진다.

2 / 호두는 잘게 다진다.

3 / 마른 팬에 호두를 약불에서 볶다가 갈색이 돌면 버터를 넣어 섞는다.

4 / 버터가 녹으면 고르곤졸라 치즈를 넣고 녹이다가 우유를 넣고 함께 끓인다.

5 / 소스가 끓으면 삶은 파스타면을 넣고 꾸덕해질 때까지 볶는다.

6 / 꿀을 살짝 두른 후 접시에 담는다.

안나's cooking tip

- 고르곤졸라 치즈와 꿀의 조화는 피자를 통해서 이미 익숙하기 때문에
견과류를 많이 먹이고 싶을 때 추천해요.
- 호두 대신 다른 견과류를 사용해도 좋아요.
- 롱파스타보다는 한 스푼씩 먹기 좋은 루마치네, 오레끼에떼 등
숏파스타가 좋아요.

칼슘과 라이코펜으로 키 성장을 돕는 페타 치즈 토마토 파스타

Feta Cheese Tomato Pasta

재료

면 스파게티 80g, 물 1l, 다시마(4×4cm) 1장

소스 올리브유 적당량, 다진 양파 30g, 방울토마토 200g,
소금·후춧가루·드라이 오레가노 약간씩, 페타 치즈 적당량

만들기

1 / 냄비에 물과 다시마를 넣고 끓인 뒤,
포장지에 적힌 시간보다 2분 덜 삶아 면을 건진다.

2 / 올리브유을 두른 팬에 다진 양파를 넣고 약불에서 천천히 볶는다.

3 / 양파가 노릇해지면 4등분한 방울토마토와 소금, 후춧가루,
드라이 오레가노를 넣어 함께 볶는다.

4 / 소스가 걸죽해지면 면수 한 국자와 삶은 파스타면을 넣고 잘 섞는다.

5 / 농도가 되직해지면 페타 치즈를 손으로 잘게 부숴 넣고
골고루 섞어 접시에 담는다.

- 페타 대신 염소나 양 치즈도 좋아요.
- 약불에서 천천히 소스를 졸이면 깊은 맛이 나요.

철분과 엽산으로 활력을 더하는 모짜렐라 비트 파스타

Mozzarella Beet Pasta

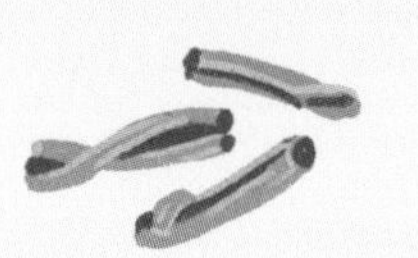

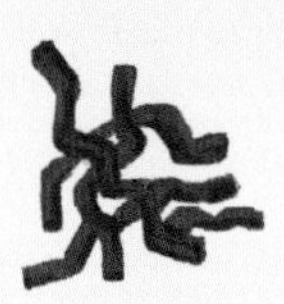

재료

면 카사레체 80g, 물 1l, 다시마(4×4cm) 1장
소스 비트 30g, 모짜렐라 치즈 70g, 다진 시오콘부 약간, 효모 후레이크 1작은술

만들기

1 / 냄비에 물과 다시마를 넣고 끓인 뒤, 포장지에 적힌 시간대로 삶아 면을 건진다.
2 / 비트는 껍질을 벗겨 찜통에 넣고 10분 정도 찐다.
3 / 찐 비트는 모짜렐라 치즈와 함께 블렌더로 간다.
4 / 볼에 ③과 삶은 파스타면, 다진 시오콘부를 잘 섞은 후
마지막에 효모 후레이크를 뿌려 접시에 담는다.

안나's cooking tip

- 효모 후레이크는 제가 평소 아이들 식단에 자주 사용하는 제품인데요,
한 스푼만으로도 단백질과 비타민B, 무기질을 섭취할 수 있어서 좋더라고요.
- 비트는 곱게 갈아 식감은 줄이고, 컬러감으로 호기심을 자극시켜준답니다.

안나's pick) **쿠라콘 시오 콘부**
홋카이도산 다시마를 가마솥에서 익혀 양념한 감칠맛 가득한 제품.
47g 5,280원 www.coupang.com

단백질과 칼슘으로 뼈를 튼튼하게 하는 맥 앤 치즈

Mac and Cheese

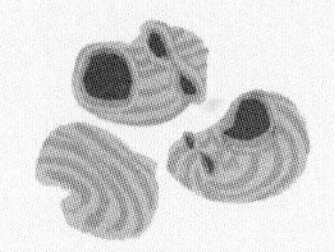

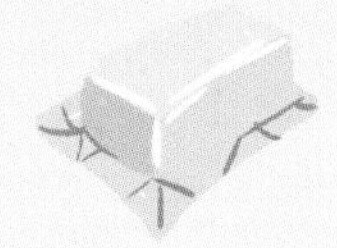

재료

면 루마치네 80g, 물 1l, 다시마(4×4cm) 1장

소스 체다 치즈 50g, 우유 150g, 버터 15g

만들기

1 / 냄비에 물과 다시마를 넣고 끓인 뒤,
포장지에 적힌 시간보다 2분 덜 삶아 면을 건진다.

2 / 팬에 버터를 두른 후 체다 치즈와 우유를 넣고 끓인다.

3 / ②가 걸쭉해지면 파스타면을 넣고 섞다가 농도가 쫀쫀해지면 접시에 담는다.

안나's cooking tip

- 실패 확률이 없는 세상에서 가장 간편한 파스타죠. 접시에 담은 후 고소한 견과류 가루나 그래놀라를 뿌려도 맛있어요.
- 영양을 더하고 싶다면 해물가루·버섯가루 등 분말 형태로 나온 제품을 살짝 뿌려보세요.

MILK

Part 5
진짜 아무것도 없을 때

"있는 재료로 뚝딱! 파스타 완성!"
마트 안 가도 OK!
집에 있는 재료로 간편하게 만드는 초간단 레시피

Basil Almond Pasta

Sesame Pasta

Soy Sauce Butter Pasta

Furikake Pasta

Tuna Mayo Pasta

Creamy Doenjang Pasta

Kimchi Perilla Oil Pasta

비타민K와 뇌로 세포를 보호하는 바질 아몬드 파스타

Basil Almond Pasta

재료

면 콘킬리에면 80g, 물 1l, 다시마(4×4cm) 1장

소스 마늘 1/2쪽, 올리브유 50g, 바질 15g, 아몬드 가루 15g, 그라나파다노 치즈 15g, 방울토마토 100g

만들기

1 / 냄비에 물과 다시마를 넣고 끓인 뒤, 포장지에 적힌 시간대로 삶아 면을 건진다.

2 / 분량의 모든 재료를 블렌더로 간 후, 파스타면과 섞어 접시에 담는다.

안나's cooking tip

- 시칠리아 스타일의 바질 페스토입니다! 바질을 시금치로 대체하거나 아몬드 가루를 피스타치오로 대체해도 맛있어요.
- 정확한 레시피를 따라하기 보다는 집집마다 다른 계량으로 만드는 게 포인트랍니다.
- 한 번 만들어서 냉동보관해 놓으면 수시로 파스타나 빵과 먹기 간편하고 좋아요.
- 이 마저도 번거롭거나 재료가 없다면, 시판 바질페스토 사용도 OK!

칼슘과 요오드로 뼈와 신진대사를 돕는 통깨 파스타

Sesame Pasta

재료

면 먹물 스파게티면 80g, 물 1l, 다시마(4×4cm) 1장

소스 통깨 20g, 꿀 5g, 참기름 2스푼

만들기

1 / 냄비에 물과 다시마를 넣고 끓인 뒤, 포장지에 적힌 시간대로 삶아 면을 건진다.

2 / 통깨는 절구에 넣고 곱게 간다.

3 / 볼에 간 통깨와 파스타면, 참기름을 넣고 잘 섞어 접시에 담은 후 꿀을 한바퀴 두른다.

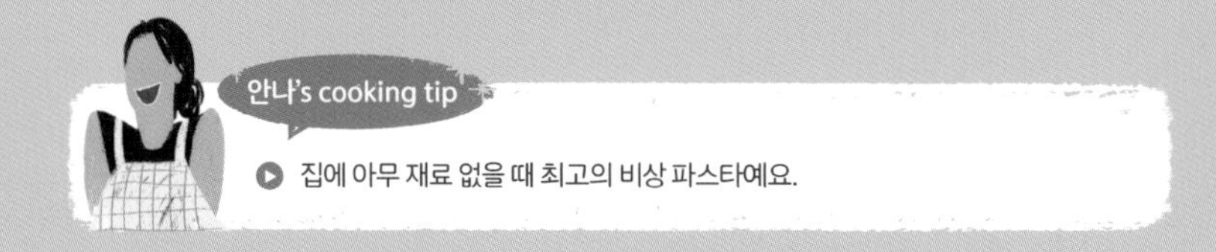

발효와 유익균으로 장 건강을 지키는 간장 버터 파스타

Soy Sauce Butter Pasta

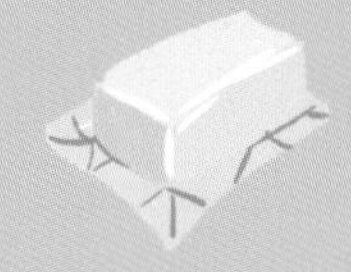

재료

면 스파게티면 80g, 물 1l, 다시마(4×4cm) 1장

소스 간장 1스푼, 버터 15g

만들기

1 / 냄비에 물과 다시마를 넣고 끓인 뒤, 포장지에 적힌 시간대로 삶아 면을 건진다.

2 / 볼에 파스타면과 버터, 간장을 넣고 잘 섞은 후 접시에 담는다.

안나's cooking tip

- 간장버터밥을 좋아하는 아이라면 100% 성공입니다.
- 생 노른자를 한 알 넣고 섞어주면 고소함과 영양이 배가 됩니다.

안나's pick) **기꼬만 생간장** 열처리 없이 신선하게 짜낸 깔끔한 생간장. 요리에 깊이를 더해준다. 450ml 7,200원 www.macro-on.com

미네랄과 아미노산으로 에너지를 채우는 후리가케 파스타

Furikake Pasta

VER 1

재료 면 스파게티면 80g, 물 1l, 다시마(4×4cm) 1장 **소스** 후리가케 1팩, 참기름 약간

만들기

1 / 냄비에 물과 다시마를 넣고 끓인 뒤, 포장지에 적힌 시간대로 삶아 면을 건진다.

2 / 볼에 파스타면과 면수 한 국자 후라가케를 넣고 참기름을 둘러 잘 섞은 후 접시에 담는다.

ver 2

재료 면 스파게티면 100g, 물 1l, 다시마(4×4cm) 1장 **소스** 후리가케 1팩, 올리브유 1큰술

만들기

1 / 냄비에 스파게티면을 제외한 모든 재료를 넣고 끓이다가, 마지막에 면을 넣고 물이 졸아들 때까지 끓인다.

2 / 국물이 자작해지면, 국물과 함께 움푹한 접시에 담는다.

안나's cooking tip

- 후리가케를 상비하고 있으면 파스타를 뚝딱 만들 수 있어요. 다양한 맛이 있어서 그때그때 골라 먹는 재미도 쏠쏠하니 이보다 더 가성비 좋은 파스타는 없습니다.
- 아이들 입맛에 따라 후리가케 양은 조절해 주세요.
- 두 번째 레시피는 팬이나 냄비 하나로 뚝딱 만들 수 있어 더 간편하고, 국물까지 함께 즐길 수 있어요.

안나's pick) **나카타니엔 오토나노 후리가께 미니** 5가지 맛이 모두 담긴 후리가께 세트. 간편하게 뿌려 먹기 좋다. 5,500원 www.macro-on.com

올가 밥에 솔솔 주먹밥 모둠 국내산 돌김과 참기름, 참깨 유기농 설탕 등 아이들이 안심하고 먹을 수 있는 재료만 엄선해 만든 제품. 8g*3개 5,900원 shop.pulmuone.co.kr

단백질과 오메가3로 두뇌 발달을 돕는 참치 마요 파스타

Tuna Mayo Pasta

재료

면 푸실리 80g, 물 1l, 다시마(4×4cm) 1장

소스 올리브오일 약간, 생생참치 1캔, 마요네즈 1큰술

만들기

1 / 냄비에 물과 다시마를 넣고 끓인 뒤,
포장지에 적힌 시간보다 2분 덜 삶아 면을 건진다.

2 / 팬에 올리브유를 두르고 참치를 으깨며 볶다가 후춧가루로 간한다.

3 / 수분이 줄어들면 삶은 파스타면과 마요네즈를 넣고 잘 섞어 접시에 담는다.

안나's cooking tip

- 참치와 마요네즈의 조합은 이미 참치 김밥에서 익숙하잖아요.
이 파스타도 실패 확률 0%.
- 해물가루, 견과류 가루 등 분말 형태의 재료를 토핑으로 뿌려보세요.

안나's pick) **큐피 마요네즈** 달걀 노른자가 풍부한 깊고 고소한 맛.
신선한 재료로 만든 일본 대표 마요네즈. 500g, 14,000원 www.macro-on.com

발효 유익균과 단백질로 장을 튼튼하게 하는 크리미 된장 파스타

Creamy Doenjang Pasta

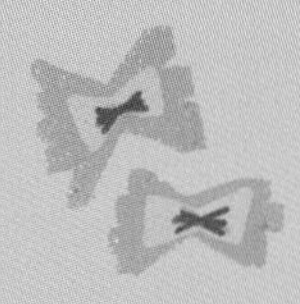

재료

면 파르펠레 80g, 물 1l, 다시마(4×4cm) 1장

소스 크림 30g, 크림치즈·된장 1작은술씩

만들기

1 / 냄비에 물과 다시마를 넣고 끓인 뒤,
포장지에 적힌 시간보다 2분 덜 삶아 면을 건진다.

2 / 팬에 크림, 크림치즈, 된장을 넣고 녹인다.

3 / ②에 파스타면을 넣고 농도가 생길 때까지 볶은 후 접시에 담는다.

안나's cooking tip

- 크리미하면서도 구수한 맛의 조화가 아이들은 물론 어른들도 좋아할 맛이랍니다.
- 된장은 진한 집된장 보다는 연한 시판 된장이나 일본 미소된장을 사용하는 게 좋아요.
- 토핑으로 영양 효모나 고운 참깨 가루를 뿌려보세요.

프로바이오틱스와 오메가3로 면역력을 높이는 김치 들기름 파스타

Kimchi Perilla Oil Pasta

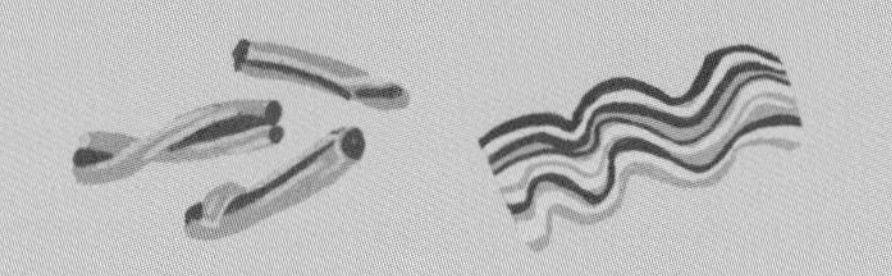

재료

면 카사레체 80g, 물 1l, 다시마(4×4cm) 1장

소스 베이컨 30g, 김치 60g, 들기름 약간, 베이컨 찹, 김치 찹, 들기름

만들기

1 / 냄비에 물과 다시마를 넣고 끓인 뒤,
포장지에 적힌 시간보다 2분 덜 삶아 면을 건진다.

2 / 묵은지는 양념을 씻어내고 물기를 짠 후 송송 썬다.

3 / 팬에 베이컨을 넣고 기름이 충분히 나올 때까지 볶다가
김치와 들기름을 넣고 한 번 더 달달 볶는다.

4 / ③에 삶은 파스타면을 넣고 잘 섞어 접시에 담는다.

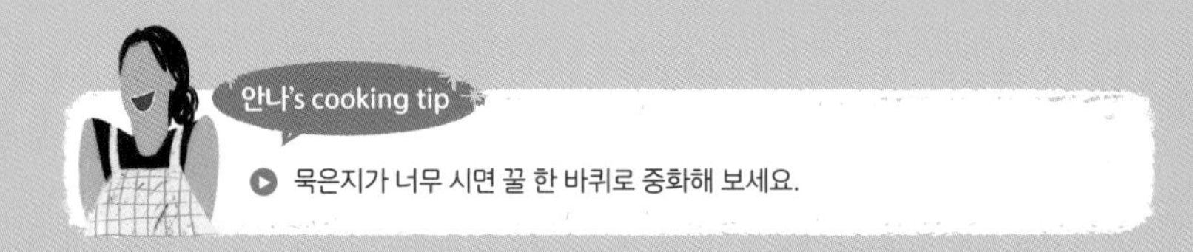

Anna's shopping list

달라코스타 파스타

"달라코스타 파스타면은 유기농
듀럼밀 세몰리나로 만들어 믿을 수 있어요.
패키지와 파스타 모양도 각양각색이라
아이들이 정말 좋아한답니다."

www.macro-on.com

한씨가원 430생들기름

"금속이 닿지 않고 나무틀로 짜낸
기름이라 그런지,
향도 맛도 정말 신선해요."

www.gawon.info

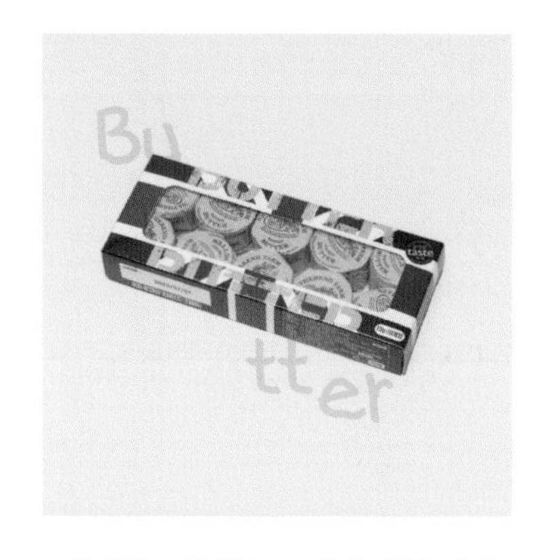

네더랜드팜 글로스터셔 가염 버터

"집 냉장고에 항상 쟁여두는
저희집 필수템이에요."

www.kurly.com

LB31 정어리 캔더푸드 16/20

"좋은 오일과 좋은 생선,
이거 하나면 파스타 만들기
정말 간단해져요."

www.euroline.co.kr

알카라올리바 유기농 올리브오일

"산도 0.2이하의 신선한
올리브오일을 찾아서 먹는데,
알카리올리바는 냉추출법으로 생산해
맛과 향이 풍부하고 좋아요."

www.macro-on.com

베네데토 카발리에리 파스타

"세계 1위 파스타 생산자 그리고 월드베스트
1위 파스타 브랜드로 모든 부문에서 상위
1%의 압도적인 평가를 받고 있어요. 비교 불가
아이들에게 믿고 먹일 수 있답니다."

www.euroline.co.kr

매일 아이를 위한 식탁을 고민하는 엄마라면, 믿을 수 있는 재료부터 찾게 되죠.
그래서 저는 좋은 재료를 미리 쟁여두는 걸 좋아해요. 이건 진짜 제가 냉장고와 찬장에
항상 구비해 두는 안나의 최애 쇼핑템들입니다.

큐피 마요네즈

"다른 마요네즈는 못 먹겠어요.
진하고 고소해서 온 가족이 좋아해요."

www.macro-on.com

기꼬만 생간장

"아이들 파스타나 달걀비빔밥에
기꼬만 간장 넣으면 감칠맛이 달라요."

www.macro-on.com

올가 밥에 솔솔 주먹밥 모둠

"믿을 수 있는 국내산 재료들로만 만들어
저 뿐만 아니라 엄마들 사이에서
항상 구비해 두는 필수템이랍니다."

shop.pulmuone.co.kr

카사마라조 포모도로 산마르자노 DOP

"나폴리에서 자연 농법으로
재배된 산마르자노 토마토와 토마토즙,
신선한 바질로만 만들어서
맛과 향이 진하고 풍부해요."

www.ssg.com

아라리유정란

"달걀은 정말 꼼꼼하게 고르는 식재료 중
하나예요. 최상의 환경에서 건강하게
자란 닭! 매일 두 알씩 챙겨먹어요."

010-5316-7124

안나의
"찐"
최애템 리스트

14년 전, 방송작가로 처음 만난 안나는
어느 날 훌쩍 요리 유학을 떠났고,
지금은 레스토랑 오너이자 세 아이의 엄마가 되었어요.
일과 육아를 병행하면서도 언제나 당당한
'슈퍼맘' 안나는, 저에게도 큰 영감을 주는
오래된 친구이자 동생입니다.
그녀의 진심이 고스란히 담긴 이 키즈파스타 책은,
간단하지만 영양 가득한 레시피로 모든
엄마들에게 작고 확실한 휴식을 선물해줄
마법 같은 한 권이 될 거예요. (되길 바라고요!)

SES 유진

이 책은 단순한 레시피북이 아니에요.
전설의 '바다파스타' 사장님이자 귀여운 세 아이의 엄마,
그리고 섬세한 창작자인 안나 언니의 감각과
노하우가 꾹꾹 눌러 담긴, 마치 비밀노트 같은 존재예요.
아이를 위한 한 그릇이 이렇게 쉽고 예쁠 수 있다니!
"면 말고 밥 먹어야지"라는 편견도 사르르 녹여주고,
지루했던 식탁에는 싱그러운 영감을 더해줍니다.
언제든 곁에 두고 싶은, 꼭 필요한 한 권.

레인보우 지숙

이탈리아에서 안나와 함께 시장을 돌며 싱싱한 토마토와 허브를 고르고,
파스타를 만들어 나눠 먹던 기억이 납니다. 그 정성과 따뜻함이 이 책 한 페이지,
한 레시피마다 고스란히 담겨 있어요. 일과 육아를 병행하면서도 아이에게
좋은 음식을 먹이고 싶은 엄마 안나의 진심, 그 마음이 이 책을 읽는
모든 부모님들께 큰 위로가 되리라 믿습니다. 쉽고, 맛있고, 건강한 사랑하는
아이를 위한 최고의 한 끼. 이 책과 함께라면 어렵지 않아요.

스위스에서, 정현주

이 책은 보기만 해도 마음이 먼저 포근해지는 책이에요.
책도 요리도 결국 '사랑을 담는 그릇'이라면, 안나의 키즈파스타는 엄마의 깊은
마음과 동남방앗간에서 길러진 섬세한 감각이 버무려진 특별한 한 접시.
작은 입을 환하게 웃게 해주는 마법이, 이 책 안에 고스란히 담겨 있어요.
아이가 잘 안먹을까 걱정될 땐, 그냥 따라만 해도 식탁이 환하게 피어납니다.
바쁜 하루 속에서도 아이와 나를 위한 따뜻한 식사를 꿈꾸게 만드는,
참 고마운 책이에요.

오케이티나 홍수영

『키즈 파스타』는 아이 한 끼를
고민하던 엄마의 마음에서 시작된
따뜻한 책이에요.
건강한 재료와 쉬운 레시피 덕분에
아이도 엄마도 맛있고 즐겁게
먹을 수 있지요.
그냥 요리책이 아니라, 가족 식탁에
웃음과 행복을 더해주는 책이에요.
미술이 아이의 창의력을 열어주듯,
안나의 파스타는 아이들의 입맛과
마음을 열어줄 거예요.
이 책으로 많은 가정의 식탁이
더 즐거워졌으면 좋겠어요.

**홍익대학교
미술대학교수 한정현**

Index

"매일 매일 먹어도 맛있는
우리 엄마표 파스타, 최고"

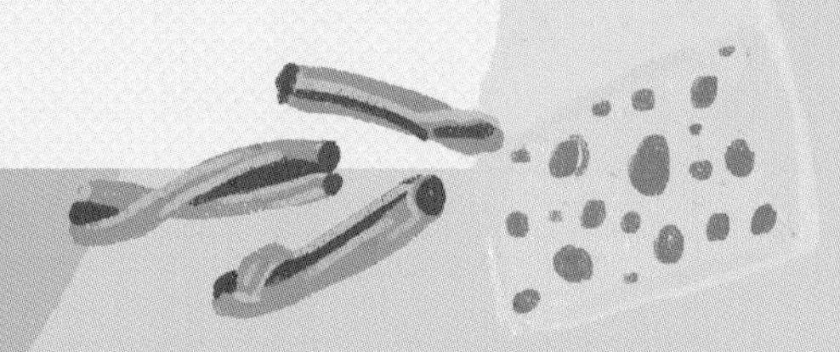

KIDS PASTA

안나의 키즈파스타

1판 1쇄 펴낸날
2025년 6월 2일

지은이
안나

요리
안나, 로렌조, 최영주

펴낸이
박병진

편집
김수영

사진
조진형

디자인
뮤트스튜디오

일러스트
사삼 @art_sasam

ISBN
979-11-985593-2-6